FORSCHUNGSBERICHTE DES LANDES NORDRHEIN-WESTFALEN

Nr. 1151

Herausgegeben

im Auftrage des Ministerpräsidenten Dr. Franz Meyers

von Staatssekretär Professor Dr. h. c. Dr. E. h. Leo Brandt

DK 662.766.61
547.284.3

Dr. phil. habil. Paul Hölemann

Forschungsstelle für Acetylen, Dortmund

Über die Umsetzung von Aceton in Diacetonalkohol unter dem Einfluß von Calciumhydroxyd

WESTDEUTSCHER VERLAG · KÖLN UND OPLADEN 1963

ISBN 978-3-663-03950-1   ISBN 978-3-663-05139-8 (eBook)
DOI 10.1007/978-3-663-05139-8

Verlags-Nr. 011151

© 1963 Westdeutscher Verlag, Köln und Opladen

Gesamtherstellung: Westdeutscher Verlag

Inhalt

1. Einleitung

In Dissousgasflaschen wird als Lösungsmittel für Acetylen auch heute noch fast ausschließlich Aceton verwendet. Der Einsatz des Acetons erscheint vor allem deswegen günstig, weil der Löslichkeitskoeffizient von Acetylen im Aceton besonders bei tiefen Temperaturen und höheren Drucken stärker zunimmt, als es dem Henry'schen Gesetz entspricht [1].

Andererseits hat die Verwendung von Aceton auch gewisse Nachteile. Abgesehen von seinem nicht unerheblichen Dampfdruck, der zu merkbaren Acetonverlusten in der Flasche führt, besteht ein besonderer Nachteil darin, daß das Aceton keine absolut stabile Verbindung ist. So wird es besonders unter dem Einfluß alkalischer Medien bis zu einem gewissen Gleichgewichtszustand zu Diacetonalkohol polymerisiert. Das Gleichgewicht ist bei normaler Temperatur bei einem Gehalt von ca. 12 bis 13 Gew.-% Diacetonalkohol im Aceton erreicht [2].

Durch die Umsetzung von Aceton in Diacetonalkohol wird aber die Lösefähigkeit des Acetons für Acetylen erheblich beeinträchtigt [3]. Derart verunreinigtes Aceton weist demnach bei gleicher Füllmenge einen höheren Acetylendruck bzw. bei gleichem Acetylendruck ein niedrigeres Füllgewicht an Acetylen auf. Parallel dazu nimmt die Aufnahmegeschwindigkeit des Lösungsmittels für Acetylen ab.

Es ist daher erforderlich, die Bedingungen zu untersuchen, unter denen die Umwandlung des Acetons in Diacetonalkohol stattfindet. Die ursprüngliche Untersuchung über die Diacetonalkoholbildung [2] wurde durch Zusatz von Alkalien zu Aceton in homogener Phase vorgenommen. Wie zahlreiche Versuche gezeigt haben, findet aber auch eine heterogene Umsetzung an alkalisch reagierenden Oberflächen statt. So ist die Löslichkeit von Calciumhydroxyd im Aceton sehr gering. Trotzdem erfolgt eine bemerkenswerte Reaktion bei Zugabe von gebranntem oder gelöschtem Kalk zu reinem Aceton.

Da das für das Dissousgas hergestellte Acetylen zum weitaus größten Teil aus Karbid gewonnen wird, entsteht gleichzeitig Calciumhydroxyd. Auch wenn die Acetylenherstellung in Naßentwicklern erfolgt, wird laufend eine gewisse Menge Kalkstaub mit dem Gas fortgeführt. Dieser Staub ist infolge seiner sehr feinen Korngröße nur schwer quantitativ aus dem Gas zu entfernen [4]. So besteht vor allem in den Anlagen, in denen das Gas nicht durch eine Trockenreinigungsmasse gereinigt wird, sondern durch eine Naßwäsche läuft, immer die Gefahr, daß ein gewisser Staubanteil bis zu den Acetylenflaschen mitgetragen wird.

Es ist daher erforderlich, Untersuchungen über die Geschwindigkeit der Umwandlung des Acetons in Abhängigkeit von der Menge des zugesetzten Calciumhydroxyds durchzuführen, um beurteilen zu können, welche Staubmengen noch als tragbar erscheinen. Da es sich gezeigt hatte, daß das aus Karbidkalk gewonnene Calciumhydroxyd verhältnismäßig inhomogen in seiner Struktur ist, wurden in einer ersten Serie die Versuche an Calciumhydroxyd p. a. durchgeführt, das wesentlich gleichmäßigere Resultate ergab.

Es kamen zwei verschiedene Versuchsmethoden zur Anwendung. Bei den Versuchen der einen Serie, die sich über zum Teil längere Versuchszeiten erstreckten, wurde unmittelbar die Änderung der Dichte des Acetons beobachtet und diese als Maß für die Umwandlung in Diacetonalkohol genommen. Diese Methode gestattete aber keine genauere Beobachtung des Vorganges zu Beginn unmittelbar nach der Kalkzugabe. In einer weiteren Versuchsserie wurde daher die Dampfdruckänderung im Aceton nach Zugabe von Calciumhydroxyd gemessen. Infolge der Umwandlung des Acetons in Diacetonalkohol tritt eine der Konzentration des letzteren entsprechende Dampfdruckerniedrigung ein, die wiederum als Maß für den Fortgang der Umwandlung dienen kann.

Die letztere Methode erschien besonders geeignet, um die Kinetik der Reaktion näher kennenzulernen, da sie eine schnelle und relativ genaue Erfassung der Konzentration an Diacetonalkohol erlaubt. Mit der ersteren Methode wurde dagegen vor allem geprüft, ob sich das technisch gebildete Calciumhydroxyd wesentlich anders verhält als ein chemisch reines Präparat.

2. Bericht

2.1 Messung der Umwandlung mit Hilfe der Dampfdruckerniedrigung

2.11 Experimentelles

Die Umwandlung des Acetons zu Diacetonalkohol unter dem Einfluß von Calciumhydroxyd wurde durch Vergleich des Dampfdruckes über dem Reaktionsgemisch mit dem von reinem Aceton durchgeführt. Die dazu verwendete Apparatur ist in Abb. 1 schematisch dargestellt. In den beiden Gefäßen G und G′ befand

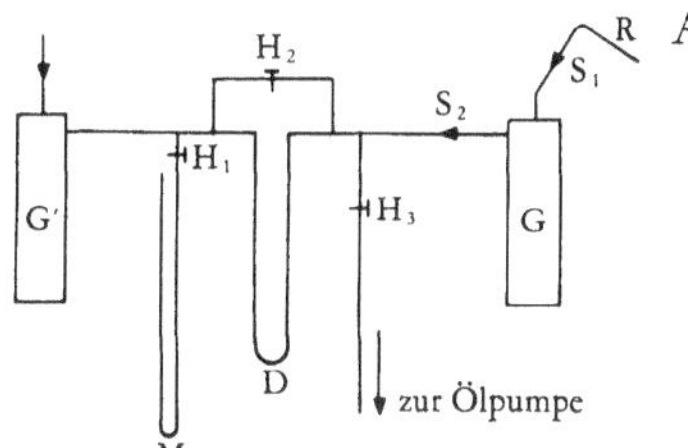

Abb. 1 Schema der Apparatur zur Beobachtung des Reaktionsverlaufes mit Hilfe der Dampfdruckerniedrigung
G = Reaktionsgefäß; G′ = Vergleichsgefäß; D = Öldifferentialmanometer; M = Hg-Manometer; $S_{1,2}$ = Schliffe; R = Einwägerohr für Calciumhydroxyd; H_{1-3} = Hähne

sich das Aceton. Beide Gefäße standen in einem Thermostat auf gleicher Temperatur. Die absolute Genauigkeit der Temperatureinstellung betrug ± 0,1°C. Die mittleren Temperaturdifferenzen zwischen beiden Gefäßen lagen unter 0,01°C und konnten damit nur Druckschwankungen von ± 1 mm an dem mit Öl gefüllten Manometer D hervorrufen. Der Oberteil der Gefäße sowie die Verbindungsrohre befanden sich auf einer etwas höheren Temperatur als G und G′, so daß dort keine Kondensation stattfinden konnte.

Beide Gefäße standen sowohl über den Hahn H_2 als auch über das U-Rohr D miteinander in Verbindung. Das U-Rohr diente als Vergleichsmanometer und war mit Paraffinöl der Dichte 0,8226 g/ml gefüllt. Der durch die Trägheit der Druckeinstellung am Ölmanometer bedingte Fehler lag wesentlich unter der sonstigen Fehlergrenze. In dem mit einem Schliff S_1 an das Gefäß G angesetzten Rohr R wurde eine bestimmte Menge Calciumhydroxyd eingewogen.

Nach Einfüllen der etwa gewünschten Menge an Aceton in G sowie in G′ wurden die Lufträume in beiden Gefäßen über H_3 evakuiert, und zwar so lange, bis sich in beiden Gefäßen der Dampfdruck des reinen Acetons bei der Versuchstemperatur eingestellt hatte. Der absolute Druck konnte am Manometer M abgelesen werden. Weiterhin durfte am Ölmanometer D keine Druckdifferenz über längere Zeit auftreten, welche die Fehlergrenze von ca. 1 mm Ölsäule überstieg. Dann wurde durch Drehen von R das darin befindliche Calciumhydroxyd in G eingeworfen. Das Aceton in G wurde mit Hilfe eines Magnetrührers intensiv durchgemischt.

Unmittelbar nach dem Einwerfen des Calciumhydroxyds begann der Umsatz des Acetons, kenntlich an einem Absinken des Dampfdruckes in G. Während der ersten 1–2 min verlief dabei die Reaktion offensichtlich noch nicht ganz gleichmäßig. Einmal erforderte das Einwerfen und Durchrühren eine Zeit von ca. 0,5 min bis ein homogener Zustand erreicht war, weiter befand sich das Calciumhydroxyd auf einer etwas höheren Temperatur als das Aceton, so daß beim Einwerfen gewisse Störungen im Aceton und im Dampfraum über dem Aceton auftraten, die erst wieder ausgeglichen werden mußten. Diese Störungen waren nach ca. 1–2 min beseitigt, so daß von diesem Zeitpunkt ab die Reaktion normal lief. Die Druckänderung in D wurde in regelmäßigen Zeitabschnitten abgelesen. Die Dauer der eigentlichen Messungen betrug ca. 15–20 min.

Nach beendetem Versuch wurde das Gefäß G mit Inhalt von der Apparatur abgenommen und gewogen. Dadurch ließ sich die in G eingebrachte Menge an Aceton genau ermitteln.

Sowohl für das Aceton als auch für das Calciumhydroxyd wurden in dieser Versuchsserie analysenreine Präparate verwendet. Das Aceton hatte bei 20°C eine Dichte von 0,7905 g/ml und bei 25°C eine solche von 0,7848 g/ml. Das Calciumhydroxyd hatte einen Feuchtigkeitsgehalt von weniger als 0,3 Gew.-%. Es wurde daher ohne weitere Trocknung benutzt. Besonders war darauf zu achten, daß es beim Einwiegen keine Luftkohlensäure aufnehmen konnte.

Die beobachtete Dampfdruckerniedrigung stellt ein unmittelbares Maß für die Konzentration des gebildeten Diacetonalkohols dar. Um aus der Dampfdruckerniedrigung die Konzentration berechnen zu können, war der Zusammenhang beider Größen zu bestimmen.

Dazu wurde dieselbe Apparatur verwendet, wie sie in Abb. 1 wiedergegeben ist. Während sich in dem Gefäß G' reines Aceton befand, wurde in G eine vorgegebene Lösung von Diacetonalkohol in Aceton eingefüllt. Die Gefäße wurden wieder so lange evakuiert bis sich konstante Enddrucke eingestellt hatten. Für die Rechnung wurde die sich aus den Endgewichten des Gefäßes G ergebende Konzentration an Diacetonalkohol eingesetzt. Dabei wurde angenommen, daß beim Evakuieren kein Diacetonalkohol aus der Lösung in G abgesaugt wurde.

Tab. 1   Zusammenhang zwischen Konzentration der Diacetonalkohollösungen und der Dampfdruckerniedrigung

Konzentration n Mol %	Dampfdruckerniedrigung Δp mm Hg	$Q = \dfrac{\Delta p}{n}$
Temperatur 10°C, Acetondampfdruck 115 mm Hg		
5,67	6,7	1,18
Temperatur 20°C, Acetondampfdruck 184 mm Hg		
5,70	10,3	1,84
4,59	8,4	1,83

10

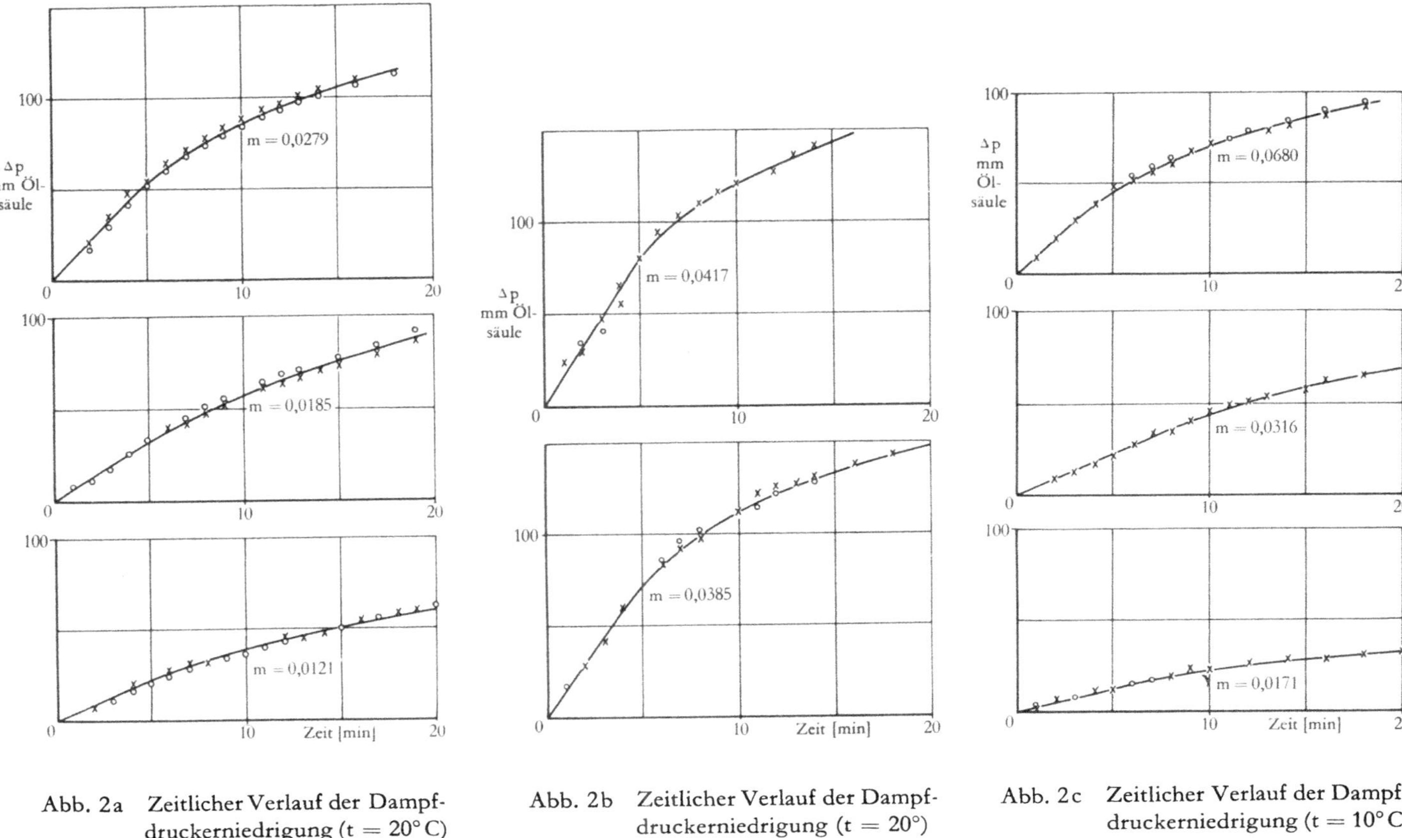

Abb. 2a   Zeitlicher Verlauf der Dampf-druckerniedrigung (t = 20°C)

Abb. 2b   Zeitlicher Verlauf der Dampf-druckerniedrigung (t = 20°)

Abb. 2c   Zeitlicher Verlauf der Dampf-druckerniedrigung (t = 10°C)

11

In der Tab. 1 sind die beobachteten Dampfdruckerniedrigungen Δp in Abhängigkeit von der Diacetonalkoholkonzentration n (in Mol.-%) angeführt. Gleichzeitig ist der Quotient aus Dampfdruckerniedrigung und Konzentration angegeben. Der Dampfdruck des reinen Acetons beträgt bei 20° 184 und bei 10° 115 mm. Die Werte des Quotienten lassen demnach erkennen, daß die Dampfdruckerniedrigung der Lösungen innerhalb der Meßfehler proportional mit dem Gehalt der Lösung an Diacetonalkohol verläuft.

Es gilt demnach die Gleichung

$$\Delta p = \frac{P_0}{100}\, n, \tag{1}$$

wenn P_0 den Dampfdruck des reinen Acetons bedeutet. Dabei ist der Dampfdruck des Diacetonalkohols wegen seiner Kleinheit gegenüber dem des Acetons zu vernachlässigen.

2.12 Ergebnisse der Dampfdruckmessungen

Die Ergebnisse der Messungen sind in den Abb. 2a–c dargestellt. Dabei ist unmittelbar der Verlauf der Druckerniedrigung Δp in Abhängigkeit von der Zeit wiedergegeben. Bei der Wiedergabe wurden die oben erwähnten anfänglichen Störungen vorher ausgeglichen.
Die Abbildungen zeigen, daß in einer anfänglichen Periode von ca. 5 bis 6 min ein praktisch linearer Abfall des Druckes erfolgt. In der Tab. 2 ist die Steilheit dieses Abfalles (dp/dz in mm Ölsäule/min) als Funktion des Gewichtsverhältnisses m von Calciumhydroxyd zu Aceton (in g/g) wiedergegeben. Darüber hinaus ist der Quotient aus dem zeitlichen Druckabfall zum Gewichtsverhältnis angeführt. Die Zahlenwerte zeigen, daß innerhalb der Versuchsfehlergrenzen dieser Quotient einen konstanten Wert aufweist und für 10°C 143 sowie für 20°C 379 mm Ölsäule/min g Ca(OH)$_2$/g Aceton beträgt. Diese Werte entsprechen 8,68 bzw. 22,9 mm Hg/min $\times$ g Ca(OH)$_2$/g Aceton bzw einer Konzentrationszunahme an Diacetonalkohol von 7,6 Mol%/min bei 10°C und von 12,4 Mol%/min bei 20°C.

Die Erhöhung der Reaktionsgeschwindigkeit von 10 auf 20°C um das 1,5 fache zeigt unmittelbar, daß die Reaktion nicht durch die Geschwindigkeit von Diffusionsvorgängen an der Hydroxydoberfläche, sondern im wesentlichen durch die Geschwindigkeit der chemischen Vorgänge beherrscht wird. Bei genügend intensiver Durchmischung machte sich daher auch eine Erhöhung der Rührgeschwindigkeit nicht mehr bemerkbar. Nach der Beziehung von Arrhenius

$$\ln k = \ln H - \frac{A}{RT} \tag{2}$$

ergibt sich für die »Aktivierungswärme« A der Polymerisation des Acetons an Calciumhydroxyd ein Betrag von 6,7 Kal/Mol. Abgesehen davon, daß dieser Wert infolge der geringen Temperaturdifferenz der Messungen sicher sehr ungenau ist und daß er durch eine mögliche Temperaturabhängigkeit des »Häufigkeitsfaktors« H sowie der Aktivierungswärme selbst bis zu einem gewissen Grad gefälscht sein kann, fällt doch der verhältnismäßig geringe Betrag auf.

Tab. 2 Steilheit des anfänglich linearen Druckabfalles

Vers.-Nr.	Gewichtsverhältnis m g Ca (OH)$_2$/g Aceton	Druckabfall dp/dz mm Öl/min	$\dfrac{dp/dz}{m}$
		Temperatur 10° C	
34/35	0,0171	2,6	152
38	0,0316	4,6	146
36/37	0,0680	9,0	132
			Mittel 143 ± 8
		Temperatur 20° C	
26/27	0,0121	4,6	380
22/25	0,0185	6,6	357
20/21	0,0279	10,9	391
23/24	0,0315	11,7	371
30/31	0,0385	15,0	389
29	0,0417	16,1	386
			Mittel 379 ± 8

Nach dem anfänglich linearen Teil des Druckabfalles tritt ein deutliches Abflachen der Kurven ein. Da es sich bei der Umwandlung von Aceton in Diacetonalkohol um eine Gleichgewichtsreaktion handelt, ist zunächst zu untersuchen, ob es sich bei dem Abflachen schon um die Auswirkung der Gegenreaktion, d.h. um die Aufspaltung von Diacetonalkohol in Aceton handeln kann. Für die Bildung des Diacetonalkohols ist, wie der anfängliche Druckabfall zeigt, eine Gleichung von der Form

$$dn_B = am.\, dz \qquad (3)$$

anzusetzen, dabei bedeutet wieder m das Gewichtsverhältnis von Calciumhydroxyd zu Aceton. Für die Gegenreaktion der Zersetzung des Diacetonalkohols wird in entsprechender Weise eine Gleichung der Form

$$dn_z = bmn.\, dz \qquad (4)$$

gelten, so daß sich als Bruttogleichung für die Geschwindigkeit der Bildung des Diacetonalkohols die Beziehung

$$dn = m(a - bn)\, dz \qquad (5)$$

ergibt. Dabei ist angenommen, daß die Zersetzung des Diacetonalkohols nach einer Reaktion erster Ordnung vor sich geht. Eine solche liegt nach den zahlreichen Untersuchungen der Zersetzungsreaktion in homogenen Lösungen bei der Katalyse durch Alkalihydroxyde vor [5].

Aus der Gleichgewichtsbedingung dn/dz = 0 ergibt sich zwischen den Geschwindigkeitskonstanten a und b die Beziehung

$$a - bn_0 = 0 \quad \text{oder} \quad n_0 = \frac{a}{b},\qquad (6)$$

mit n_0 als der Gleichgewichtskonzentration. Durch Einsetzen dieser Gleichung in (5) und nach Integration wird schließlich

$$\ln\left(1 - \frac{n}{n_0}\right) = -\frac{a}{n_0}\,mz = -\,bmz \qquad (7)$$

erhalten. Bei der Integration ist berücksichtigt, daß zu Versuchsbeginn die Konzentration an Diacetonalkohol den Wert 0 besitzt.

Für den Wert der Gleichgewichtskonzentration des Diacetonalkohols bei 20°C wurde von K. Koelichen [2] ein Betrag von 12,3 Gew.-% oder 6,55 Mol.-% gefunden. Das entspricht einer Dampfdruckerniedrigung von 12,09 mm Hg bzw. 199,3 mm Ölsäule. In der Abb. 3 sind gemäß Gl. (7) die Werte von $-\ln\left(1 - \frac{n}{n_0}\right)$ gegen die Zeit für die Versuchspaare 26/27 bzw. 30/31 aufgetragen. Die Abbildung ergibt, daß die erhaltenen Versuchswerte nicht, wie die Gl. (7) erfordert, eine Gerade darstellen, sondern von einer solchen deutlich nach unten abweichen. Daraus ist zu schließen, daß das Abflachen der Kurven in den Abb. 2a–c nicht allein durch das Einsetzen der Gegenreaktion, d.h. der Zersetzung von Diacetonalkohol, zu erklären ist, sondern daß darüber hinaus im Laufe der Zeit eine Behinderung der Umsetzungsreaktion von Aceton in Diacetonalkohol stattfinden muß.

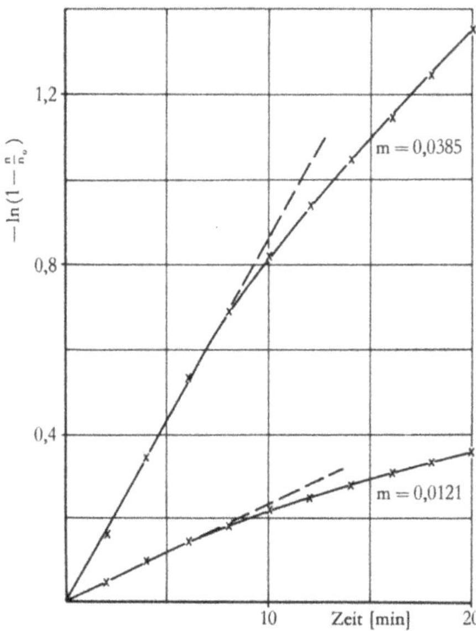

Abb. 3 Vergleich der experimentellen Umsätze mit den nach Gl. (7) berechneten

Es ist naheliegend, diese Behinderung in einer Blockierung der Oberfläche des Hydroxyds durch Adsorption von gebildetem Diacetonalkohol am Calciumhydroxyd zu suchen. Diese Adsorption wird zunächst näherungsweise proportional der gebildeten Menge an Diacetonalkohol zunehmen und dementsprechend die katalytische Wirkung des Calciumhydroxyds herabsetzen. Der Mechanismus der Diacetonalkoholbildung läßt sich dann analog zu Gl. (5) durch eine Beziehung von der Form

$$dn = a(m - fn)\left(1 - \frac{n}{n_0}\right)dz \tag{8}$$

darstellen.

Eine Überprüfung, ob diese Beziehung die tatsächlichen Verhältnisse richtig wiedergibt, läßt sich am einfachsten in der Weise durchführen, daß der Differentialquotient von n nach der Zeit und der zugehörige Wert von n für die verschiedenen Kurven aus der Abb. 2 entnommen wird und der Ausdruck $\dfrac{dn/dz}{\left(1 - \dfrac{n}{n_0}\right)} - am = F$ gegen n bzw. das der Konzentration proportionale Δp aufgetragen wird.

Wie die Abb. 4 zeigt, liegen die Versuchswerte tatsächlich, wenn auch innerhalb eines verhältnismäßig großen Streubereiches, auf einer durch den Nullpunkt

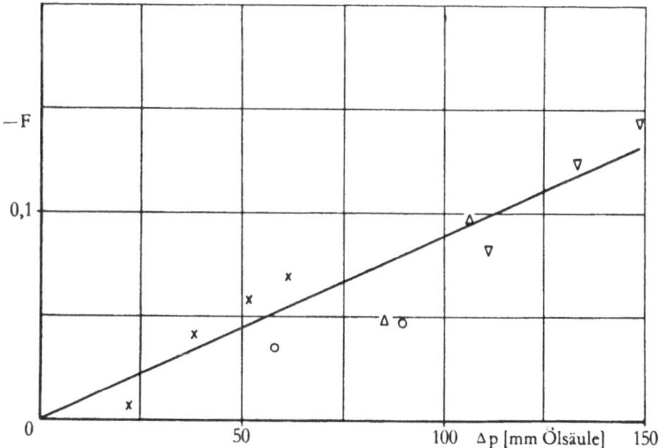

Abb. 4 Abhängigkeit der Funktion F von der Dampfdruckerniedrigung

gehenden Geraden. Die großen Streuungen sind im wesentlichen dadurch gegeben, daß sich der Wert des Differentialquotienten nur mit einer verhältnismäßig großen Ungenauigkeit ablesen läßt. Dazu kommt noch, daß die Abweichung des Differentialquotienten von der Geraden für niedrige n-Werte nur gering ist. Insgesamt läßt sich demnach sagen, daß die abnehmende Geschwindigkeit der Umwandlung von Aceton in Diacetonalkohol sowohl durch das Einsetzen der Gegen-

15

reaktion als auch zusätzlich dadurch zu erklären ist, daß der gebildete Diacetonalkohol in wachsendem Maß die Oberfläche des katalytisch wirkenden Calciumhydroxyds blockiert.

2.2 Beobachtung der Umwandlung an Ca (OH)$_2$ aus Kalkschlamm mit Hilfe der Dichteänderung

2.21 Experimentelles

Die Versuche dieser Serie wurden in der Weise durchgeführt, daß zu einer vor-
gegebenen Menge von Aceton (50 ml = 39,2 g), die vorher in einem geschlossenen Gefäß auf die jeweilige Versuchstemperatur gebracht worden war, plötzlich
die vorgesehene Menge an Calciumhydroxyd zugegeben wurde. Das Gemisch
wurde mit Hilfe eines Magnetrührers intensiv durchgerührt. Nach Beendigung
der Versuchsdauer wurde das Calciumhydroxyd vom Aceton durch plötzliches
Abfiltrieren abgetrennt und damit die Reaktion unterbrochen. Die Filtration er-
folgte in einem geschlossenen System, so daß dabei praktisch keine Verluste an
Aceton auftreten konnten. Gleichzeitig wurde auch überprüft, daß bei der Filtration keine zusätzliche Verunreinigung des Acetons durch Wasser, etwa aus dem
Feuchtigkeitsgehalt im Filterpapier, stattfand. Die verwendeten Filter waren vorher getrocknet worden.
Das Filtrat wurde bei 25°C auf seine Dichte geprüft. Einer Zunahme der Dichte
von 0,001268 g/ml entsprach eine Bildung von 1 Gew.-% Diacetonalkohol.
Als Ausgangsmaterial für das Aceton wurde Aceton p. a. verwendet. Als Calciumhydroxyd wurden verschiedene Präparate genommen. Dabei ergaben die Versuche an trockenem staubförmigem Calciumhydroxyd, das aus Calciumkarbid
durch Überleiten von feuchter Luft gewonnen worden war, und an einem technischen Kalk (Hydraulikkalk) sehr stark streuende Werte. Offensichtlich waren
diese Materialien zu inhomogen. Die gleichmäßigsten Werte wurden erhalten,
wenn das Calciumhydroxyd aus Karbidkalkschlamm durch Filtration und Trock-
nen bei 180-200°C unter Ausschluß von Luft gewonnen worden war. Diese Versuche dürften auch dem Kalk am besten entsprechen, der unter den technischen
Bedingungen bei der Entwicklung von Acetylen aus Karbid in Naßentwicklern
unter Umständen in die Acetylenflaschen gelangen kann.
Als Reaktionstemperaturen wurden 15, 25 und 35°C eingehalten. Die Temperatur
lag dabei mit einer Genauigkeit von $\pm$ 1°C fest. Dagegen betrug die Genauigkeit
der Temperatureinstellung bei der Dichtemessung $\pm$ 0,05°C. Das entspricht einem
Fehler von 5.10^{-5} g/ml im Dichtewert.

2.22 Ergebnisse der Dichtemessungen

Die Versuchsergebnisse an Calciumhydroxyd aus Karbidhalkschlamm sind in der
Abb. 5 dargestellt. Der prinzipielle Verlauf der Kurven an den anderen Materialien

16

war genau derselbe. Dabei lagen aber die Dichtezunahmen als Funktion der Zeit
für Hydraulikkalk wesentlich niedriger. Das kann sowohl durch eine grobkörnigere
Struktur als auch durch eine teilweise Umsetzung des Hydroxyds an der Oberfläche zu Karbonat durch das Lagern bedingt sein. Die Dichteänderungen beim
Kalk, der aus Calciumkarbid durch feuchte Luft hergestellt worden war, lagen
etwa in derselben Größe wie die am Kalkschlamm. Wegen der besonders starken
Schwankungen der Ergebnisse an diesem Material ist aber auf eine Wiedergabe
verzichtet worden.

Aus der Abb. 5 wurde zunächst die anfängliche Dichtezunahme als Funktion der
Temperatur und des Gewichtsverhältnisses von Calciumhydroxyd/Aceton entnommen. Die Werte sind in der Tab. 3 zusammengestellt. Aus ihnen läßt sich die

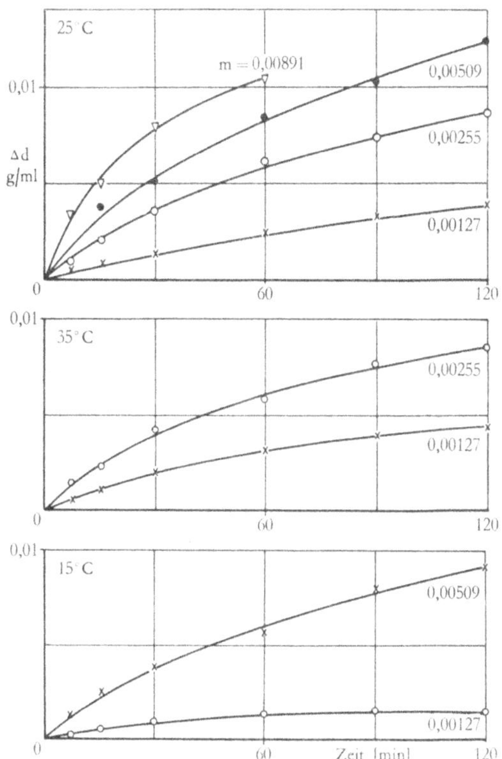

Abb. 5 Änderung der Acetondichte durch Umsatz zu Diacetonalkohol an Ca(OH)$_2$
aus Karbidschlamm

Steilheit der Diacetonbildung zu Versuchsbeginn in Mol.-%/min mit Hilfe des
oben angegebenen Faktors für die Umrechnung von Dichte- auf Konzentrations-
änderung ausrechnen, wobei zu berücksichtigen ist, daß im unteren Bereich der
Kurven ein Mol.-% ca. 2 Gew.-% entspricht. Die letzte Spalte in Tab. 3 und
Abb. 6 zeigen, daß dieser Differentialquotient innerhalb der Fehlergrenzen pro-

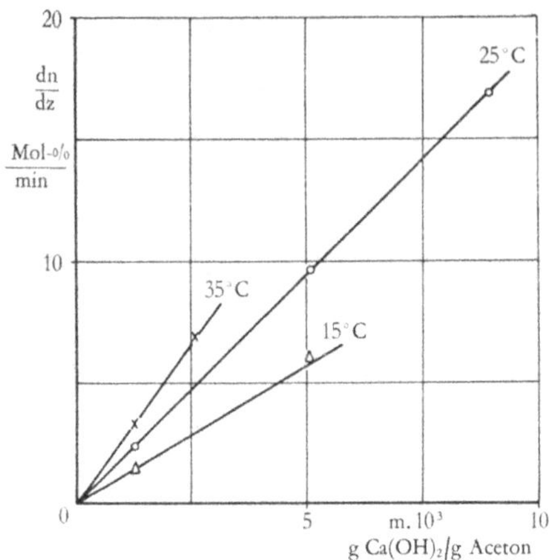

Abb. 6 Steilheit der Diacetonalkoholbildung zu Beginn der Reaktion in Abhängigkeit von Gewichtsverhältnis Ca(OH)$_2$/Aceton

portional mit dem Gewichtsverhältnis m von Calciumhydroxyd zu Aceton zunimmt. Das entspricht durchaus den Ergebnissen, wie sie in der ersten Versuchsserie gefunden worden waren.

In der Tab. 4 sind die anfänglichen Geschwindigkeitskoeffizienten für den Umsatz von Aceton zu Diacetonalkohol für beide Versuchsserien nochmal einander

Tab. 3   Anfangsumsatz von Aceton zu Diacetonalkohol an Ca(OH)$_2$ *aus getrocknetem Karbidschlamm*

Gewichtsverhältnis $m \cdot 10^3$ g Ca(OH)$_2$/g Aceton	zeitliche Dichteänderung $d(\Delta d)/dz$ g/ml · h	Konzentrations- änderung $10^2 \cdot dn/dz$ Mol%/min	$\dfrac{1}{m} \cdot \dfrac{dn}{dz}$
		Temperatur 15° C	
1,27	0,0021	1,38	10,9
5,09	0,0091	5,99	11,8
			Mittel 11,3
		Temperatur 25° C	
1,27	0,0033	2,17	17,1
2,55	0,0077	5,06	19,9
5,09	0,0146	9,60	18,9
8,91	0,0256	16,80	18,9
			Mittel 18,7
		Temperatur 35° C	
1,27	0,0047	3,09	24,4
2,55	0,0105	6,89	27,0
			Mittel 25,7

Tab. 4 Geschwindigkeitskoeffizient für den Umsatz von Aceton zu Diacetonalkohol

| Temperatur | Koeffizient a Gl. (3) | |
| °C | Mol% Diacetonalkohol/min · g Ca(OH)$_2$/g Aceton | |
	Ca(OH)$_2$ p. a.	Ca(OH)$_2$ aus Karbidschlamm
10	7,6	–
15	–	11,3
20	12,4	–
25	–	18,6
35	–	25,7

gegenübergestellt. Die Tabelle ergibt, daß die Koeffizienten für das Calciumhydroxyd p. a. nur geringfügig niedriger liegen als die für das Calciumhydroxyd aus Karbidschlamm. Der Grund dürfte in der größeren Kornfeinheit des letzteren Materials zu suchen sein. Gleichzeitig nimmt aber auch der Koeffizient mit steigender Temperatur bei dem letzteren Material etwas stärker zu als bei dem ersteren. Wird wieder nach Gl. (2) die Aktivierungswärme berechnet, so ergibt sich aus dem Wert für 15° und 35° C ein Betrag von 7,2 Kal/Mol, der immerhin noch recht gut mit dem für das Calciumhydroxyd p. a. übereinstimmt. Der Koeffizient für 25° C liegt aber im Vergleich dazu relativ zu hoch.

Die Auswertung des weiteren Kurvenverlaufes in Abb. 5 ergibt ein analoges Bild, wie es für die Versuche an Calciumhydroxyd p. a. gefunden worden war. Auch hier ist die Abnahme des Acetonumsatzes nicht allein durch das Einsetzen der Gegenreaktion, d. h. der Zersetzung des Diacetonalkohols zu erklären. Die katalytische Wirkung des Calciumhydroxyds nimmt demnach mit zunehmender Bildung an Diacetonalkohol ab. Dabei scheint aber der Einfluß des Diacetonalkohols in diesem Fall etwas geringer zu sein als bei der ersten Versuchsserie. Genauere Werte lassen sich wegen der zu großen Streuung der Meßergebnisse nicht angeben.

2.3 Anwendung der Versuchsergebnisse auf die technischen Bedingungen

Die erhaltenen Versuchsergebnisse erlauben es, den Einfluß abzuschätzen, den ein evtl. Einschleppen von Calciumhydroxyd in die Acetylenflaschen auf die Umwandlung des Acetons ausüben kann. Als wichtigste Frage ergibt sich dabei die nach der oberen zulässigen Grenze an Staubgehalt, den das Acetylen beim Einfüllen in die Flasche besitzen darf.

Solange die Umsetzung des Acetons noch nicht weit fortgeschritten ist, kann für die Berechnung die vereinfachte Gl. (7) zugrundegelegt werden. Dabei hat der Geschwindigkeitskoeffizient a einen Wert von ca. 22,8 Gew.-%/min g Ca(OH)$_2$/g Aceton und n_0 einen Wert von 12,3 Gew.-% für eine angenommene Temperatur von 20°.

Normalerweise erfolgt die Zugabe des Acetylens und damit das Einbringen von Kalkstaub stoßweise während der Füllung einer Flasche. Im allgemeinen kann man damit rechnen, daß eine Flasche durchschnittlich einmal im Monat gefüllt wird. Die Rechnung läßt sich mit genügender Genauigkeit für die Abschätzung wesentlich vereinfachen, wenn auch die Kalkzugabe als kontinuierlich betrachtet wird und dementsprechend in der Gl. (7) an Stelle von m die Größe $m = m_0 z$ eingeführt wird. Dabei bedeutet m_0 den im Durchschnitt pro Zeiteinheit der Flasche zugeführten Betrag an Calciumhydroxyd, der sich aus dem monatlich zugeführten Betrag errechnen läßt. Wird eine Füllung von 6 m³ und ein Staubgehalt des Gases von 1 mg/m³ zugrundegelegt, so ergäbe sich m_0 zu $0,006/30 \times 24 \times 60 = 0,139 . 10^{-6}$ g/min. Aus der Gl. (5) bzw. (7) findet man durch Einführung von $m_0 z$ an Stelle von m und Umformung

$$\ln \frac{n_0}{n_0 - n} = \frac{a}{2} \cdot \frac{m_0}{n_0} \cdot z^2 \tag{9}$$

Bei der Berechnung der Zahlenwerte ist zu berücksichtigen, daß sich a auf 1 g Aceton bezieht. Da die Flaschen normalerweise 10,5 kg Aceton enthalten, ist auf der rechten Seite noch durch 10 500 zu dividieren.

Das Einsetzen der oben angeführten Zahlenwerte ergibt einen Umsatz von 0,27 Gew.-% Diacetonalkohol nach Verlauf eines Monats. Dieser Wert erscheint in Anbetracht der kurzen Zeit recht beachtlich. Die Ausdehnung der Rechnung auf einen Zeitraum von einem Jahr führt zu so hohen Acetonumsätzen, daß unter den angegebenen Bedingungen das Gleichgewicht schon sehr weitgehend erreicht wird. Die Rechnung ist allerdings in diesem Fall nicht mehr in der vereinfachten Form durchführbar, da sich der Faktor $(m - fn)$ in der Gl. (8) dann schon in wesentlichem Ausmaß bemerkbar machen muß.

Immerhin zeigt die Rechnung, daß ein Betrag von 1 mg Staub/m³ Acetylen mit Bezug auf die Umsatzreaktion des Acetons als wesentlich zu hoch erscheint. Ein Staubgehalt des Acetylens von 0,1 mg/m³ führt immer noch zu einem Umsatz von 3,46 Gew.-% Diacetonalkohol im Jahr. Dieser Wert dürfte allerdings eine obere Grenze darstellen, da die Blockierung der katalytischen Wirkung des Calciumhydroxyds infolge des gebildeten Diacetonalkohols nicht mit berücksichtigt wurde.

Es erscheint danach erforderlich, den Gehalt des Acetylens an Kalkstaub auf einen Wert in der Größenordnung von 0,1 mg/m³ oder darunter herabzusetzen, damit die Acetonumsetzung auch über längere Zeit gering bleibt. Wie die Versuche über den Kalkstaubgehalt im Acetylen [4] gezeigt haben, besteht durchaus die Möglichkeit dazu. In den Anlagen mit Trockenreinigern wirkt die verhältnismäßig feinkörnige Struktur der Reinigungsmasse als sehr gutes Filter, wenn die Masse sorgfältig verteilt ist. Aber auch gut berieselte höhere Türme in Naßreinigungsanlagen können offensichtlich den Staub weitgehend zurückhalten. In diesem Fall muß aber besonders darauf geachtet werden, daß die Anlage nicht überlastet wird. Außerdem ist natürlich ganz besonders dafür zu sorgen, daß aus der sich zwangsläufig an die Säurewäsche anschließenden Laugenwäsche keine Lauge mitgerissen werden kann. Dazu muß das Gas zweckmäßigerweise gründlich mit Wasser gewaschen und eventuell durch ein Staubfilter geführt werden.

3. Zusammenfassung

Aceton wird an Calciumhydroxyd in einer heterogenen Reaktion zu Diacetonalkohol polymerisiert. Die Reaktion verläuft anfänglich proportional dem Gewichtsverhältnis von Hydroxyd/Aceton. Bei weiter fortgeschrittenem Umsatz macht sich die Gegenreaktion in steigendem Maß bemerkbar, die zur Einstellung eines Gleichgewichtes führt. Darüber hinaus wirkt sich aber der gebildete Diacetonalkohol proportional seiner Konzentration reaktionsbehindernd aus.

Mit steigender Temperatur nimmt die Reaktionsgeschwindigkeit der Diacetonalkoholbildung zu. Für die Aktivierungswärme errechnet sich nach der einfachen Arrhenius'schen Gleichung ein Wert von etwa 7 kcal.

Aus der Größe der Geschwindigkeitskonstanten läßt sich abschätzen, daß der Gehalt an Hydroxydstaub im Acetylen, das in Dissousgasflaschen eingefüllt werden soll, höchstens in der Größenordnung von 0,1 mg/m³ liegen darf, wenn eine zu schnelle Umsetzung des Acetons in den Flaschen vermieden werden soll.

Dr. phil. habil. PAUL HÖLEMANN

4. Literaturverzeichnis

[1] HÖLEMANN, P., und R. HASSELMANN, Chem. Ing. Techn. Bd. 25, S. 466 (1953).
[2] KOELICHEN, K., Z. physik. Chem., Bd. 33, S. 130.
[3] Forschungsbericht Nr. 14 des Wirtschafts- u. Verkehrsministeriums des Landes Nordrhein-Westfalen, Köln–Opladen, 1952, S. 30.
[4] HÖLEMANN, P., Forschungsbericht des Landes Nordrhein-Westfalen, Nr. 888, Köln–Opladen, 1960.
[5] LANDOLT-BÖRNSTEIN, 2. Erg. Bd. 2. Teil (1931), S. 1426 ff.

FORSCHUNGSBERICHTE
DES LANDES NORDRHEIN-WESTFALEN

Herausgegeben im Auftrag des Ministerpräsidenten Dr. Franz Meyers
von Staatssekretär Prof. Dr. h. c. Dr.-Ing. E. h. Leo Brandt

AZETYLEN · SCHWEISSTECHNIK

HEFT 275
Prof. Dr.-Ing. habil. K. Krekeler und
Dipl.-Ing. H. Verhoeven, Aachen
Quantitative Untersuchungen von Punktschweiß-
verbindungen an Tiefzieh- und Aluminiumblechen,
die nach dem Argonarc-Punktschweißverfahren
hergestellt werden
1956, 64 Seiten, 45 Abb., DM 14,60

HEFT 305
Prof. Dr.-Ing. habil. K. Krekeler, Dr.-Ing. H. Peukert,
Aachen, und Dipl.-Ing. W. Schmitz, Siegburg
Heißgas-Schweißung von Hart-Polyvinylchlorid
mit Zusatzwerkstoff
1956, 44 Seiten, 27 Abb., 5 Tabellen, DM 12,50

HEFT 328
Dr. H. Maeder, Belo Horizonte
Schweißen von Temperguß
1957, 92 Seiten, 59 Abb., 42 Tabellen, DM 25,50

HEFT 355
Prof. Dr.-Ing. habil. K. Krekeler, Dr.-Ing. H. Peukert
und Dipl.-Ing. A. Kleine-Albers, Aachen
Untersuchungen auf dem Gebiet der Schweißung
von Kunststoffen
Ein Beitrag zur Heißgas-Schweißung von Weich-
Polyvinylchlorid mit Zusatzwerkstoff
1957, 44 Seiten, 19 Abb., DM 11,—

HEFT 382
Dr. phil. habil. P. Hölemann, Ing. R. Hasselmann und
Ing. G. Dix, Dortmund
Die Messung von Flammen und Detonationsge-
schwindigkeiten bei der explosiven Zersetzung von
Azetylen in Rohren
1957, 36 Seiten, 7 Abb., 4 Tabellen, DM 8,10

HEFT 383
Dr. phil. habil. P. Hölemann und Ing. R. Hasselmann,
Dortmund
Verlauf von Azetylenexplosionen in Rohren bei
Gegenwart von porösen Massen
1957, 68 Seiten, 10 Abb., 15 Tabellen, DM 16,60

HEFT 438
Prof. Dr.-Ing. H. Winterhager und Dr.-Ing. L. Werner,
Aachen
Bestimmung des elektrischen Leitvermögens ge-
schmolzener Fluoride
1957, 52 Seiten, 18 Abb., 10 Tabellen, DM 11,90

HEFT 464
Dr. phil. habil. P. Hölemann und Ing. R. Hasselmann,
Dortmund
Die Möglichkeit der Zündung von Azetylen in
Rohrleitungen beim Ausblasen mit Stickstoff
1957, 38 Seiten, 6 Abb., 6 Tabellen, DM 9,20

HEFT 526
Dr. phil. habil. P. Hölemann und Ing. R. Hasselmann,
Dortmund
Einfluß der Oberflächenbeschaffenheit der Wan-
dung auf den Ablauf von Azetylenexplosionen
1958, 48 Seiten, 8 Abb., 10 Tabellen, DM 14,50

HEFT 531
Prof. Dr.-Ing. habil. K. Krekeler,
Dipl.-Ing. H. Verhoeven und
Dipl.-Ing. H. Ernenputsch, Aachen
Autogenes Entspannen bei niedrigen Temperaturen
1958, 48 Seiten, 17 Abb., DM 14,80

HEFT 532
Prof. Dr.-Ing. habil. K. Krekeler,
Dipl.-Ing. H. Verhoeven und
Dipl.-Ing. W. Krieweth, Aachen
Schutzgasschweißen mit kontinuierlich abschmel-
zender Elektrode von niedriglegierten Kohlenstoff-
stählen (Sigma-Schweißen)
1958, 50 Seiten, 30 Abb., DM 16,—

HEFT 569
Dr. phil. habil. P. Hölemann, Ing. R. Hasselmann und
J. Strootmann, Düsseldorf
Azetylenverluste an Naßentwicklern
1958, 26 Seiten, 4 Abb., 9 Tabellen, DM 9,65

HEFT 690
Dr. phil. habil. P. Hölemann, Ing. R. Hasselmann und
J. Strootmann, Dortmund
Die Zersetzung von gasförmigem Azetylen und
Azetylen-Azeton-Lösungen bei Gegenwart von
porösen Materialien
1959, 58 Seiten, 6 Abb., 10 Tabellen, DM 15,20

HEFT 692
Prof. Dr.-Ing. habil. K. Krekeler und
Dipl.-Ing. H. Verhoeven, Aachen
Untersuchungen zum Schweißen von Titan
(Wolfram-Inert-Schweißen)
1959, 51 Seiten, 29 Abb., DM 15,20

HEFT 723
Dr. phil. habil. P. Hölemann und
Ing. R. Hasselmann, Düsseldorf-Reisholz
Die Abhängigkeit des Volumens gesättigter
Azetylen-Azeton-Lösungen von Temperatur und
Konzentration
1959, 22 Seiten, 5 Abb., 3 Tabellen, DM 6,90

HEFT 739
Dr. phil. habil. P. Hölemann und
Ing. R. Hasselmann, Düsseldorf-Reisholz
Die Anreicherung von Phosphor- und Schwefel-
verunreinigungen in Azetylen-Flaschen
1959, 26 Seiten, 5 Abb., 9 Tabellen, DM 7,90

HEFT 765
Dr. phil. habil. P. Hölemann und
Ing. R. Hasselmann, Dortmund
Die Beeinflussung der Löslichkeit von Azetylen in
Azeton durch Phosphorwasserstoff und Divinyl-
sulfid
1959, 20 Seiten, 7 Abb., 3 Tabellen, DM 6,60

HEFT 778
Dr. phil. M. Gnielinski, Aachen
Zur Einführung der Statistischen Qualitätskontrolle
in Mittel- und Kleinbetrieben, Vorschläge und
Hilfsmittel
1959, 36 Seiten, DM 10,—

HEFT 791
Dr. phil. habil. P. Hölemann, Dortmund
Über den Mechanismus der Azetylendesorption aus
wäßrigen Lösungen
1959, 28 Seiten, 5 Abb., mehr. Tabellen, DM 8,50

HEFT 792
Dr. phil. habil. P. Hölemann, Dortmund
Bestimmung des Dampfdruckes und der Ver-
dampfungswärme von flüssigem Azetylen
1959, 19 Seiten, DM 6,70

HEFT 883
Dr. phil. habil. P. Hölemann, Düsseldorf
Über die Zündung von reinem Azetylen durch
Stoßwellen
1960, 37 Seiten, 14 Abb., 11 Tabellen, DM 11,20

HEFT 888
Dr. phil. habil. P. Hölemann, Dortmund
Über den Kalkstaubgehalt im Azetylen aus
Naßentwicklern
1960, 21 Seiten, 5 Abb., 3 Tabellen, DM 7,20

HEFT 984
*Dr. phil. habil. P. Hölemann und Ing. R. Hasselmann,
Forschungsstelle für Azetylen, Dortmund und Düssel-
dorf-Reisholz*
Die Druckabhängigkeit der Zündgrenzen von
Azetylen-Sauerstoffgemischen
1961, 18 Seiten, 5 Abb., DM 6,60

HEFT 1045
*Dr. phil. habil. P. Hölemann, Forschungsstelle für
Azetylen, Dortmund*
Untersuchungen über das System Azetylen-Wasser
1961, 36 Seiten, 5 Abb., 8 Tabellen, DM 12,90

HEFT 1099
*Dr. phil. habil. P. Hölemann
und Ing. R. Hasselmann,
Forschungsstelle für Azetylen, Dortmund*
Über die Reaktion von Azetylen mit den Bestand-
teilen von Trockenreinigungsmassen
1962, 26 Seiten, 6 Abb., 7 Tabellen, DM 11,80

HEFT 1151
*Dr. phil. habil. Paul Hölemann, Forschungsstelle für
Azetylen, Dortmund*
Über die Umsetzung von Azeton in Diaceton-
alkohol unter dem Einfluß von Calciumhydroxyd

HEFT 1152
*Dr. phil. habil. Paul Hölemann und Ing. Rolf Hassel-
mann, Forschungsstelle für Azetylen, Dortmund*
Über den Gehalt an Monovinylazetylen und höheren Polymeren im Azetylen aus Karbid

Ein Gesamtverzeichnis der Forschungsberichte, die folgende Gebiete umfassen, kann bei Bedarf vom Verlag
angefordert werden:
Azetylen/Schweißtechnik – Arbeitswissenschaft – Bau/Steine/Erden – Bauwirtschaft – Bergbau – Biologie –
Chemie – Eisenverarbeitende Industrie – Elektrotechnik/Optik – Energiewirtschaft – Fahrzeugbau/Gas-
motoren – Farbe/Papier/Photographie – Fertigung – Funktechnik/Astronomie – Gaswirtschaft – Holzbear-
beitung – Hüttenwesen/Werkstoffkunde – Kunststoffe – Luftfahrt/Flugwissenschaften – Luftreinhaltung –
Maschinenbau – Mathematik – Medizin/Pharmakologie/NE-Metalle – Physik – Rationalisierung – Schall/
Ultraschall – Schiffahrt – Textiltechnik/Faserforschung/Wäschereiforschung – Turbinen – Verkehr – Wirt-
schaftswissenschaft.

WESTDEUTSCHER VERLAG · KÖLN UND OPLADEN
567 Opladen/Rhld., Ophovener Straße 1-3

GPSR Compliance
The European Union's (EU) General Product Safety Regulation (GPSR) is a set
of rules that requires consumer products to be safe and our obligations to
ensure this.

If you have any concerns about our products, you can contact us on

ProductSafety@springernature.com

In case Publisher is established outside the EU, the EU authorized
representative is:

Springer Nature Customer Service Center GmbH
Europaplatz 3
69115 Heidelberg, Germany